LOS CUIDADOS ENFERMEROS AL RECIEN NACIDO

La atención que brindan los profesionales de enfermería al bebé recién nacido es primordial, ya que al momento de nacer se producen en él cambios físicos y biológicos que se dan únicamente en esta etapa, como la respiración, temperatura, circulación y más. Por ello, estos aspectos del recién nacido deben ser tomados en cuenta con especial rigor.

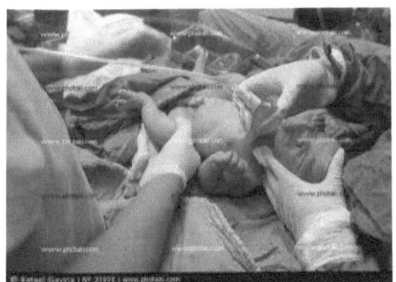

Estos cuidados son sumamente importantes porque de las **primeras horas de vida** del niño, dependerá su crecimiento y desarrollo, y más adelante su seguridad emocional indispensable para el desarrollo sus habilidades psicológicas y sociales..

Aquí el **objetivo principal** de la enfermería es que la adaptación del bebé se realice de manera normal, y si existe algún tipo de complicación, ésta se tiene que detectar y tratar a tiempo. Se debe estimular también la conexión con los padres y, sobre todo, la lactancia materna, porque es el lazo emocional que más se debe desarrollar entre una madre y su hijo.

Son cuatro momentos de los primeros días de vida que requieren una evaluación especial:

- **Atención inmediata al nacer:** estos son los cuidados básicos que recibe el recién nacido, tales como: ligadura del cordón umbilical, secado del niño, administración de vitaminas, detección de tipo de sangre y otros exámenes.
- **Sus primeras horas de vida:** cuidado durante sus seis primeras horas. Aplicación de vacunas básicas.
- **Entre sus 6 y 24 horas de nacido:** aplicación de vacunas BCG y Antihepatitis.
- **Antes de ser dado de alta:** se le brinda atención, evaluación y consejería necesaria a la madre para el cuidado del bebé en el hogar.

Entonces, si crees que tienes vocación de servicio y te encantaría intervenir en el adecuado proceso de nacimiento de un bebé, es probable que tengas unas de las **habilidades** para seguir esta carrera. Investiga y ve si cuentas con las demás características que se necesitan para ser un enfermero o enfermera.

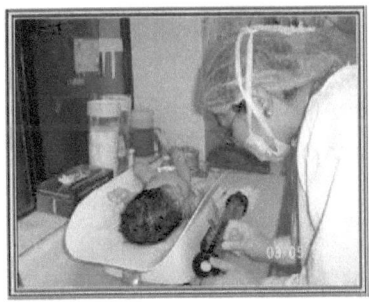

El recien nacido requiere una serie de cuidados que le van a ayudar a superar el periodo de transición neonatal. En esta edad se puede evitar un porcentaje muy alto de patologías, no solamente descubriéndolas, sino intentando tratar algún tipo de enfermedad connatal. Para ello debe recibir los cuidados necesarios, enseñando unas normas esenciales de puericultura a los padres, ya que de una forma muy importante la patología neonatal se va a deber a una mala aplicación o desconocimiento de las normas.

Asistencia en la sala de parto. Se incluye el control de la respiración, prevención del enfriamiento, ligadura del cordón umbilical, profilaxis ocular y profilaxis a la tendencia que tiene el neonato de hemorragia.

- Respiración y Temperatura. En el recien nacido normal las **respiraciones** se inician de forma rápida, a veces tarda en producirse y se deben realizar una serie de técnicas que lo provocan. Por ejemplo hace tiempo se echaba un chorro de alcohol sobre el pecho del recien nacido y reaccionaba enseguida, pero corría riesgo de enfriamiento, también se pueden dar unos golpes en los glúteos o en la planta de los pies.
- Con una toalla estéril se limpia la cara y se aspiran las secreciones bucofaríngeas, 1º en boca y aspirar, después en las fosas nasales introduciendo la sonda para ver permeabilidad de coanas. En los partos por cesárea se debe realizar aspirado gástrico, porque la secreción es mucho mayor y seguro que ha aspirado.

La **temperatura** se regula manteniendo al niño lo más caliente posible (en cunas térmicas). Siempre que tengamos un parto debemos comprobar que en la cuna esté todo el material necesario:

- laringo con pila para luz
- tubo endotraqueal de 2 a 4
- comprobar que la aspiración funciona correctamente
- comprobar también la toma de oxígeno
- ambú en condiciones perfectas, y mantenerlo conectado a la toma de oxígeno
- Ligadura del cordón. Como norma, el cordón debe ser ligado al minuto de vida. Se debe cortar 4 cm por encima de la superficie del abdomen. Una vez ligado, se recubre con una gasa estéril pincelándolo con solución antiséptica, y no utilizar nunca yodo, porque puede dar un falso positivo en la prueba del hipotiroidismo. Al cabo de unos días presenta una necrosis y se desprende en el 4-10 día, aunque a veces ocurre después.

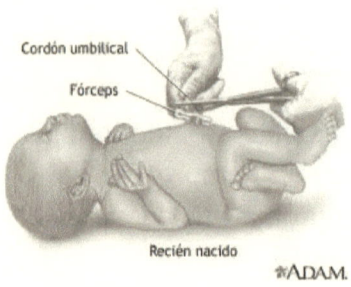

- Cuidado de los ojos. Hay que evitar cualquier riesgo de infección. Para ello se debe utilizar colirio (aureomicina) previo lavado con suero fisiológico.
- Profilaxis de enfermedad hemorrágica. El recien nacido pasadas las 12 primeras horas va a tener un déficit de los factores de coagulación que son vitamina k dependientes. Va a tener un tiempo de protrombina alargado, por lo que aumenta el riesgo de hemorragia. Hay que prevenirlo con la administración de 1 mg de vit k por vía parenteral o por vía oral (2 mg).

Examen clínico del recien nacido al nacer. Debemos observar la integridad física y valorar el estado general del niño. Para ello lo que tenemos que hacer es el test de APGAR:

SIGNOS	0	1	2
FC	Ausente	< 100	> 100
Respiración	Ausente	Lenta, irregular	Buena, llanto
Tono muscular	Flacidez	Alguna flexión de miembros	Movimiento activos
Respuesta a sonda	Sin respuesta	Mueca	Tos o estornudo
Golpeo planta pies	Sin respuesta	Flexión débil de los miembros	Llanto y flexión fuerte
Color	Azul pálido	Cuerpo rosado, extremidades azul	completamente rosado

10-6 ----- BUENO
5-3 ------ GRAVE
2-0 ------- MUY GRAVE (MUERTO)

Identificación del recien nacido. Muy importante. El error ha entrado en el código penal y se ha castigado duramente. Antiguamente se hacía una huella del pie del recien nacido y de los dedos de la madre. El principal que se usa hoy en día es la pulsera en el recien nacido y en la madre donde aparece el nombre y apellidos de la madre y la fecha de nacimiento.

Asistencia del recien nacido en el hospital. El recien nacido sano se debe ubicar en una unidad de recien nacido no patológicos. Debe tener buena iluminación natural, temperatura ambiente de 24° C. Las cunas deben tener 3m2 a su alrededor para facilitar su manejo.

1. EL LACTANTE:

Crecimiento es el aumento en numero y tamaño de las células corporales, expresándose en el hombre con un aumento de talla. **Desarrollo** es la diferenciación y perfeccionamiento de órganos y tejidos. Ambos conceptos son cuantificables y medibles

Factores reguladores del crecimiento
Endógenos

a) **Genéticos**: padres, sexo (las niñas desarrollan antes, los niños desarrollan más), raza, como en el caso de los negros que miden menos al nacer
b) **Neurohormonales**, como con el caso de la GH, las tiroides, las gónadas que con el estrógeno y el andrógeno pueden favorecer el crecimiento
c) **Específicos**: son sustancias que secreta la célula y que

pueden favorecer su crecimiento, como por ejemplo: la somatomedina

d) **Metabólicos**: encargados de asimilar los nutrientes: absorción, digestión, respiración, circulación, metabolismo intracelular y expulsión.

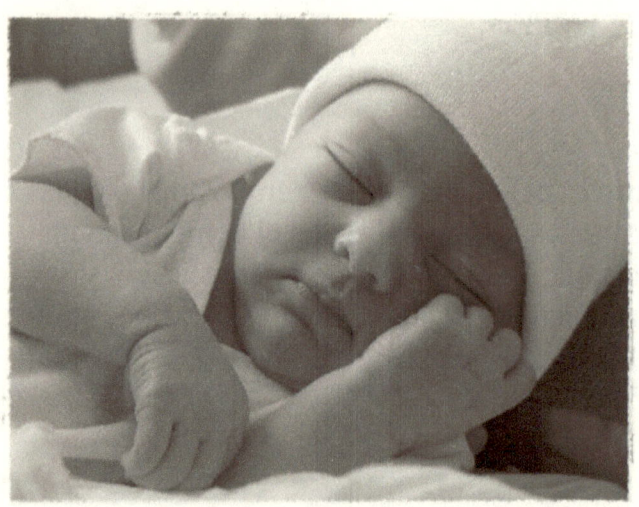

Exógenos

a) <u>Nutrientes</u>, o alimentos con capacidad nutritiva, pudiendo dividirse en:

b) <u>Nutrientes esenciales</u>: vitaminas, ácidos grasos esenciales y aminoácidos que requieran ser ingerirlos por la imposibilidad de síntesis por el organismo
c) **Nutrientes energéticos** como los H de C, grasas, proteínas.
d) **Ambientales**: tasas de O2, temperatura, etc...

Desarrollo del lactante

Desarrollo físico o biológico, que puede ser observado por los parámetros:

a) **Incremento de peso**, características: 1. Existe una pérdida de peso en la 1ª semana. 2. En el primer semestre aumenta de 200 a 500 grs semanales, siendo fundamental en esta época para saber si está bien nutrido o si padece alguna enfermedad. 3. En el 2º semestre el aumento es de 150 a 175 grs semanales.
b) **Incremento de talla**, características: La talla aumente de 73 a 75 cm al año, alcanzando el metro en esa época
c) **Perímetro craneal,** que da los parámetros de maduración ósea: 1. El perímetro cefálico al nacer es de 34 cm. 2. El aumento en el primer semestre es de 1,5 cm por mes. 3. A partir del 2º semestre aumenta 0,5 al mes
d) **Cierre de suturas craneales**. 1. El cierre de las fontanelas se da el posterior a las 6 u 8 semanas y el anterior a los 18 - 20 meses. 2. Para comprobar su estado se realiza la prueba de TABES. 3. Si su cierre es antes de lo previsto es una craneosinostosis. 4. Los problemas de hipotiroidismo o raquitismo afectan al cierre correcto.
e) **Crecimiento general**
Predicción de la talla: Se puede realizar mediante una Radiografía de la muñeca, donde se aprecia la mineralización. Con las tablas de percentiles para peso y talla se puede valorar como anomalía siempre que salga

del 3 o del 97%

El **aparato digestivo** empieza su desarrollo a partir del tercer mes hasta los 2 años

El **sistema respiratorio**: Tiene un desarrollo mayor de los pulmones frente a las vías respiratorias altas, siendo la respiración abdominal. Tiene de 30 a 40 respiraciones por minuto, disminuyendo, en conjunto con la la Frecuencia cardiaca, según cree

El **sistema renal** no funciona plenamente hasta los 2 años

El **sistema muscular** se desarrolla de zonas proximales a zonas distales

La **presión arterial** va aumentando según aumenta el tono en el ventrículo izquierdo, empezando con 50-80, con un 20 más o menos de amplitud

La **digestión** no es efectiva hasta los 2 años

Sistema inmunitario: hasta los 4 ó 5 meses funciona con los antígenos de la madre, hasta los 8 meses que empieza a sintetizar sus inmunoglobulinas

Sistema circulatorio: El sistema hematopoyético empieza a funcionar a los 5 a 6 meses de vida, existiendo a los 3 meses una anemia fisiológica del lactante.

Cambios en los sentidos: Los van desarrollando poco a poco, algunos más rápidamente que otros

Agudeza visual: es el que más tarda en desarrollarse: hasta 6 meses no realiza la visión binocular y la profundidad, o estereopsis, hasta los 7 meses.

Dentición, en su forma de brotar pueden indicar la mineralización ósea del lactante: Incisivos medios a los 6-8 meses. Incisivos laterales en el 10-12 mes. Primeros molares en el 13-14 mes. Caninos en el 18-24 mes. Segundos molares en los 24 a 30 meses.

2. Desarrollo psicomotor del lactante:

Dentro de el desarrollo motor están las siguientes conductas:

Conducta motora burda, conducta motora fina, conducta del lenguaje. Las cuales aparecen en todas las fases del niño.

La burda se refiere a los avances con respecto al manejo de su cuerpo: logros en el movimiento.

0-1 mes: levanta la cabeza y se ladea
2-5 meses, levanta la cabeza y el pecho, apoyándose en los antebrazos
4-7 meses, con los brazos extendidos, levanta el tórax y alcanza un objeto en esa posición
3-6 meses, se incorpora
4-8 meses, de pie, con ayuda, apoya su peso en las piernas
5-10 meses, se sienta solo con la espalda recta y puede jugar, amplia su mundo, puede jugar con objetos en esta posición

6-12 meses, gatea y arrastrarse
8-13 meses anda sostenido
11-18 meses, anda solo, con las manos hacia abajo, muy importante porque le da autonomía
10-15 meses, se agacha y levanta solo
15-24 meses, se sube a una silla para coger algo
14-24 meses, da patadas a la pelota sin apoyo
18-24 meses, corre sin caerse
12-30 meses, es capaz de dar saltos
2-3 ½ años, anda llevando algo delicado en las manos: un vaso de agua
2-4 años: mantiene el equilibrio con un solo pie.
La **conducta motora fina** es la presión de los dedos sobre los objetos, como coger, pintar, escribir
0-3 meses, al tocar la palma cierra la mano, (reflejo)
2-4 meses, coge un objeto que esté cerca
4-8 meses, es capaz de pasarse un objeto de mano
10-14 meses, es capaz de coger algo pequeño
11-18 meses, mete un objeto en otros
12-20 meses, construye torre con cubos
2- 3½ años: construye puente de cubos con un modelo
0-1 meses mira a la cara a una distancia fija
0-3 meses mira un objeto en movimiento
3-5 meses mira personas que se mueven.

La **conducta del lenguaje** que es la de **articular palabras**

0-1 mes llora para expresar las necesidades
0-1 meses, cambia de actividad al oír un ruido
4-8 meses vuelve la cabeza al oír su nombre
11-20 meses, dice las primeras palabras con significado
12-18 meses usa palabras para indicar deseos
14-30 meses combina 2 ó 3 palabras.

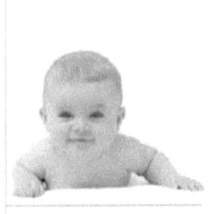

3. Nutrición en el lactante

- El término lactante abarca desde el nacimiento hasta los primeros 12 meses de vida.
- El contenido en nutrientes de la leche materna ha sido utilizado como modelo para elaborar las recomendaciones nutritivas para el lactante.

Requerimientos

Es necesario, en este periodo, el aporte adecuado de proteínas, hidratos de carbono, lípidos, minerales, vitaminas y agua para cubrir el mantenimiento de las funciones basales, el gasto energético y la demanda propia de la formación de nuevos tejidos.
Las recomendaciones dietéticas deben tener en cuenta las necesidades específicas de cada lactante, que están en función de diversos factores, como la edad, la velocidad de crecimiento, el metabolismo basal, el clima, las reservas previas, etc...

Energía	90-140 kcal/kg./día
Proteínas	2-2,2 g/kg./día
Lípidos	3,5-6 g/kg./día
Hidratos de carbono	8-12 g/kg./día
Agua	1-1,5 ml/kg./día
Minerales y Vitaminas	RDA 89/1 RE 83

La composición de la leche materna difiere, en cuanto a calidad y a cantidad, de la leche de vaca. El contenido en proteínas y sales es más elevado en la leche de vaca, el contenido en lípidos es parecido y la concentración en hidratos de carbono es superior en la leche humana. La disponibilidad de algunos minerales como el calcio, hierro, zinc o de algunas vitaminas como la vitamina A, E, C y niacina, también se encuentra en cantidades más elevadas.

Lactancia materna

La lactancia materna, además de suponer un adecuado aporte de nutrientes para cubrir las necesidades durante los primeros 3-12 meses de vida, presenta otra serie de ventajas como reducir el riesgo de sensibilización alergénica, brindar protección inmunológica y antibacteriana, mejorar la relación entre madre e hijo, reducir la mortalidad y morbilidad neonatal, evitar las contaminaciones externas y resultar un medio más económico.

La lactancia materna debe realizarse en posición cómoda, es necesario un ambiente relajado y agradable, seguir un horario determinado por las demandadas del recién nacido y puede alargarse hasta que el lactante cumpla los 9 meses.

Lactancia artificial

La fórmula infantil es un alimento para lactantes adecuado para sustituir total o parcialmente a la leche humana, satisfaciendo las necesidades nutritivas del lactante. Existen dos tipos de fórmulas de infantiles:

Formulas de inicio:

recomendadas hasta los 3-4 meses. Estan adaptadas a partir de leche vacuna, se preparan de manera que se asemejen lo mas posible a la leche materna. No deben incluir ni almidones, ni acidificantes, ni miel, ni factores de crecimiento, aunque esten presentes pequeñas cantidades de oligosacaridos.

Formulas de continuación: a partir del 4º mes.

Alimentación complementaria

Se considera todo alimento ingerido por el lactante distinto a la leche o a las fórmulas adaptadas, incluye cereales, frutas, verduras, carne, pescado y huevos.
El momento de introducción de este tipo de alimentos depende de factores culturales, psicosociales..., aunque se admite como adecuado alrededor de 4º-5º mes. Los motivos para comenzar la alimentación complementaria son nutritivas, ya que la leche no es suficiente para cubrir las necesidades del lactante y también razones educativas y para el desarrollo del lactante, coordinación de reflejos de deglución y nutrición, desarrollo del sentido del gusto y el olfato, etc.
No es conveniente iniciarla antes del tercer mes ni después del sexto y que no más del 50% de energía de la dieta debe obtenerse a partir de alimentos diferentes de la leche.

- Los cereales se comenzarán a introducir a partir del 4º mes, es el primer alimento que se introduce. Contienen hidratos de carbono, proteínas,

minerales como hierro, calcio y magnesio, vitaminas (complejo B) y fibra. Aporta, por tanto, elementos energéticos y reguladores. Suelen darse en forma de papillas elaboradas a partir de cereales sin gluten (maíz y arroz) y su preparación se realiza con agua o leche. Las frutas y verduras se comienzan a dar a partir del los 6-8 meses, contienen azúcares, fibra, minerales y vitaminas. Se pueden dar en papillas y purés de confección casera o comercializados. Las carnes, pescados y huevos son fuentes de proteínas de alta calidad, contienen lípidos, minerales y vitaminas, hidrosolubles y liposolubles. La clara del huevo y las vísceras son alimentos de introducción más tardía, por su alto potencial alergénico y su contenido en purinas. Los tarritos preparados industriales contienen frutas, verduras, cereales, pescados, carnes, etc. que se deben elaborar siguiendo unas normas de control de calidad y con un adecuado valor nutritivo. El tipo de orden en la introducción de los alimentos complementarios, es variable y será su pediatra el que mejor le aconseje.

4. Los trastornos digestivos en el lactante

Cerca del 50% de los lactantes presentan trastornos digestivos leves en sus primeros meses de vida debido a la inmadurez del sistema digestivo y, aunque en su mayoría suelen solucionarse espontáneamente o gracias a algún cambio en sus hábitos alimenticios, es necesario conocerlos para que no lleguen a interferir en su desarrollo

Los problemas digestivos durante la lactancia y los primeros años del niño son muy comunes y, aunque casi siempre se van a manifestar con síntomas leves o moderados y suelen ser pasajeros, es normal que los padres estén preocupados por la salud de su pequeño, sobre todo si no para de llorar desconsoladamente. Una de las causas principales por las que se producen este tipo de trastornos, que padecen cerca del 50% de los lactantes, es la inmadurez de su sistema digestivo, que puede provocar cólico, estreñimiento, diarrea e incluso regurgitaciones, que suelen solucionarse fácilmente o con cambios en la alimentación del bebé; sin embargo, la intranquilidad de los padres no dejará de estar presente hasta que el problema haya desaparecido completamente, por lo que es necesario reconocerlos para poder solucionarlos de forma adecuada.

Diarreas, cólico, estreñimiento o regurgitaciones son los trastornos digestivos más comunes en los lactantes.

Cólico del lactante

El llamado cólico del lactante suele aparecer en la segunda o tercera semana de vida, padeciéndolo actualmente 1 de cada 4 bebés menores de seis meses, y los síntomas persisten en muchos de los casos hasta el tercer mes. El dolor abdominal que presentan los afectados por este trastorno es fácilmente identificable gracias al llanto del pequeño, ininterrumpido y desesperado; además, el niño levanta y mueve frecuentemente las piernas, se encuentra inquieto, tiene ruidos intestinales y un carácter irritable.

Aunque por la forma de llorar del pequeño pueda parecer que no tiene solución, se le puede calmar cogiéndole en brazos, dándole un masaje en la zona abdominal o leves palmadas en la espalda para que eructe. Asimismo, es recomendable hacer pausas durante la alimentación para que eche el aire, repitiéndolo también cuando acabe de comer. Además de la gran cantidad de aire, hay otros factores, como el estrés, el cambio de leche o la intolerancia a la lactosa, que pueden provocar cólico al pequeño, llegando incluso a alterar su sueño.

Estreñimiento

La incorporación de alimentos más sólidos en la dieta del bebé o el cambio de la leche materna a fórmulas adaptadas, entre otras, pueden causar trastornos digestivos como el estreñimiento en el pequeño, considerando como tal cuando las heces del niño son poco frecuentes y duras, suponiendo un verdadero esfuerzo evacuarlas. Cuando esto ocurra es aconsejable consultar al pediatra, aunque probablemente sólo sean necesarios algunos cambios en la dieta del bebé o incluso ayudarle con algunos ejercicios.

Si el niño ya tiene edad de tomar alimentos más sólidos, el pediatra puede aconsejarle la ingesta de zumos de naranja, ciruela o uva, papillas de fruta, leche con avena, purés de verdura, etc. Además, con los siguientes ejercicios podrás ayudar a tu bebé a solucionar este problema y evitar sus molestias:

1. Masajéale la zona del abdomen a la altura del ombligo, haciendo círculos en el sentido de las

agujas del reloj.

2. Túmbale en la cama y junta sus piernas; en esta posición flexiónalas y muévelas despacio haciendo círculos en ambos sentidos.

Regurgitaciones

Aunque las regurgitaciones son el problema digestivo más común en los niños, según varios pediatras, hay que saber qué son realmente para diferenciarlas de los vómitos continuos, que pueden ser síntoma de un problema más grave. Las regurgitaciones suceden cuando la leche se mezcla con los ácidos estomacales, pero regresa a la boca debido a la inmadurez del esfínter que cierra la entrada del estómago para que el alimento retroceda, provocando así que el niño escupa o vomite una pequeña cantidad de leche pero sin fuerza, lo que le diferencia de los vómitos normales.

Este trastorno suele desaparecer, en la mayoría de los casos, entre los 6 y los 12 meses de edad, cuando los músculos del estómago consiguen la fortaleza adecuada; sin embargo, mientras esté presente podemos llevar a cabo ciertas medidas para evitar que nuestro pequeño regurgite frecuentemente:

- Mantener al bebé en posición vertical después de las comidas para dificultar el retorno de la leche a la boca y que sea expulsada.

- Para facilitar el trabajo del esfínter esofágico interior y no llenar el estómago del niño, es aconsejable ofrecerle menores cantidades de comida pero más frecuentemente.

- Cuando se dé el biberón al pequeño, es aconsejable evitar que la leche contenga burbujas y que el agujero de la tetina sea del tamaño adecuado para que el niño no absorba demasiado aire, ya que entorpece la digestión. Si el niño es más mayor y ya consume papillas, se recomienda elaborarlas de forma un poco más espesa para que no salga del estómago, volviendo al esófago y la boca del pequeño.

Si las regurgitaciones se producen constantemente, no hay que olvidar colocar al pequeño de lado para dormir, de forma que si devuelve alimento durante la noche, no se ahogue. Asimismo, en estos casos, es aconsejable consultarlo con el pediatra, sobre todo en los casos en los que no aumente la talla y el peso, rechace los alimentos, llore mucho y tenga carácter irritable, tosa con frecuencia, muestre molestias en la garganta o en el pecho, etc.

Diarrea

Como ya sabemos, cada niño es un mundo, y cada uno tiene sus propios hábitos intestinales, por lo que será la variación respecto a lo habitual la que nos permitirá averiguar si nuestro pequeño padece diarrea. Las causas de ésta pueden ser muy variadas, desde una mala absorción de azúcares o una enfermedad celíaca hasta alergia a la leche, alimento que suele aparecer relacionado con las diarreas de los bebés. Hay que tener especial cuidado cuando el niño padece este trastorno ya que podría convertirse en deshidratación, por lo que es necesario reponer frecuentemente los líquidos perdidos. Si junto a la presencia de deposiciones líquidas y continuas encontramos poco apetito, vómitos, fiebre, pérdida de peso y talla, etc. debemos llevar al pequeño al médico para que sea quien evalúe la situación.

Aunque la mayoría de estos trastornos suelen solucionarse fácilmente, de forma espontánea o con algún cambio en la dieta de los más pequeños, es necesario acudir al pediatra si persisten o su intensidad y frecuencia aumentan, ya que podrían ser un síntoma de algún problema de mayor gravedad.

5. El lactante con rechazo del alimento

DEFINICIÓN

El rechazo del alimento es una reacción de oposición
al alimento en sí o de rechazo a las circunstancias en que le es ofrecida la comida, incluyendo a la persona encargada de ofrecérsela. Generalmente, en
el lactante, se instala al final del primer trimestre y sobre todo en el segundo. Es el tercer motivo de consulta
tras la fiebre y la tos.
Cuando un lactante acude a urgencias por rechazo de las tomas en ausencia de otra sintomatología acompañante, puede ser un síntoma guía de infección
urinaria, otitis media, giardiasis, tuberculosis y celiaquía.

CLASIFICACIÓN

Por su duración

– Anorexia aguda o transitoria, de corta duración, que generalmente es expresión de un proceso orgánico ocasional; las causas más frecuentes son los procesos febriles infecciosos y la ingesta de antibióticos.

– Anorexia crónica o persistente, de larga duración, que puede ser expresión de un proceso orgánico pero, más frecuentemente, manifiesta un trastorno psicológico. Puede ser continua o intermitente.

Por su limitación del instinto alimentario
– Anorexia global a todos los alimentos.
– Anorexia parcial a algún alimento.

Desde el punto de vista etiológico
– Anorexias primarias o psicológicas, en las que la anorexia es el único síntoma y su etiología es funcional
también se llama anorexia simple. Es la
causa más frecuente en los países desarrollados. En la mayoría de los casos hay una falta de respeto al desarrollo de los hábitos alimentarios del
niño. Son niños normales (a veces con detención de la curva ponderal), hiperactivos, y con frecuencia alimentados con lactancia artificial.
Pueden ser:
1. Anorexias por hábitos alimentarios incorrectos. Monotonía en las comidas, rigidez exagerada en el cálculo de la ración y en el horario
de la alimentación, temperatura, cambio de consistencia o sabor, cambios bruscos en la alimentación,
empeño en alimentar excesivamente
a los niños, alimentos inadecuados.
2. Anorexia psíquica en la que el niño tiene una alteración constitucional de labilidad vegetativa que le predispone a la anorexia. Hay niños hipersensibles que, por motivos adversos banales,

se autodefienden con la anorexia.

3. Anorexia psicógena es la que se presenta en el niño como respuesta a los conflictos sociales que le rodean, personales, familiares. Así en la relación madre-hijo en madres angustiadas, nerviosas, obsesivas con la alimentación de sus hijos.

 En niños consentidos, mimados, como en el caso de los hijos únicos, sobreprotegidos, caprichosos, o que viven en un ambiente de conflictos familiares, padres divorciados o separados o con problemas conyugales. En niños abandonados, hospitalismo o niños maltratados.

— Anorexias secundarias, donde la falta de apetito es un síntoma acompañante. Son muchas las enfermedades que tienen a la anorexia entre sus síntomas:

1. *Enfermedades infecciosas.* La anorexia es un síntoma muy frecuente en las enfermedades virales y bacterianas. Son la causa más frecuente de anorexia transitoria en el niño. En las infecciones crónicas como la tuberculosis, infestación por *Giardia* y el SIDA, la anorexia es un síntoma predominante, y también en otras enfermedades crónicas como la pielonefritis, abscesos ocultos e infecciones pulmonares crónicas.

2. *Enfermedad tumoral maligna.* La célebre tríada del síndrome maligno es: astenia, anorexia y adelgazamiento. Por ejemplo, leucemia

linfática aguda, linfomas, tumor de Wilms, etc.
3. *Enfermedades digestivas.* En las enfermedades del tracto digestivo, la anorexia es un síntoma clave. Cursan con anorexia todos los trastornos asociados con diarrea, estreñimiento, obstrucción intestinal, apendicitis aguda (la anorexia suele ser un síntoma precoz), celiaquía, colitis ulcerosa, enteritis regional, parasitosis intestinales y hepatitis.
4. *Enfermedades carenciales.* La ferropenia con o sin anemia, las hipovitaminosis A, C y D, especialmente en invierno, y la sobredosificación de las vitaminas A y D.
5. *Enfermedades metabólicas,* como la hipercalcemia
en el desnutrido crónico, la galactosemia.
6. *Enfermedad renal,* como la insuficiencia renal crónica.
7. *Endocrinopatías* como el hipotiroidismo, panhipopituitarismo,
enfermedad de Addison,
hiperparatiroidismo.
8. *Enfermedades neurológicas* como la panencefalitis
o trastornos psicológicos como el estado
de angustia, estados depresivos, neurosis,
etc.
9. *Causas yatrógenas* por medicamentos como antibióticos, sulfamidas, antiepilépticos, salicilatos, inmunosupresores, etc.

DIAGNÓSTICO

Como ya hemos visto, la anorexia puede ser orgánica

o funcional. Para hacer el diagnóstico el médico se basará en:

– Anamnesis, buscando síntomas asociados como fiebre, vómitos, diarrea, etc., e intentando conocer el entorno que rodea al niño. Describir la cantidad, el tipo y la forma de la alimentación, momento de la aparición de la anorexia y tiempo de evolución.

– Exploración física completa, valorando el estado de nutrición. Peso, talla e índice nutricional. En la exploración se puede constatar si el lactante presenta una obstrucción de las fosas nasales, debido a un proceso catarral, que le dificulta la alimentación, así como si presenta dificultad respiratoria debida por ejemplo a una bronquiolitis, etc.

– Exámenes complementarios (hemograma, orina, urocultivo, radiografía, etc.) que se consideren oportunos según el caso.

Esto permitirá, en la mayoría de los casos, descartar las falsas anorexias (son aquellos casos en que, estando el niño clínicamente normal, es decir con un crecimiento y desarrollo adecuados, una buena nutrición, sin enfermedades recurrentes y con buen humor, la madre refiere que el niño no come bien por apreciación errónea de lo que debe comer). Nos proporcionará datos sobre una posible causa orgánica, funcional o psicógena que necesite tratamiento psicológico.

TRATAMIENTO

Tratamiento de la enfermedad original, del proceso orgánico causal o del proceso funcional que ha dado origen a la anorexia.

Psicoterapia
– Familiar evitando tensiones, tranquilizando a las madres.
– Individual, tranquilizando al niño, evitando la sobrealimentación forzada y manteniendo una actitud educativa.
– Socioterapia dando pautas que modifiquen el entorno del niño.

www.ingramcontent.com/pod-product-compliance
Lightning Source LLC
Chambersburg PA
CBHW021857170526
45157CB00006B/2482